SITZUNGSBERICHTE DER SÄCHSISCHEN AKADEMIE
DER WISSENSCHAFTEN ZU LEIPZIG

Mathematisch-naturwissenschaftliche Klasse
Band 122 · Heft 3

HANS-HEINZ EMONS
HEIDELORE VOIGT

ANORGANISCHE SALZE — NATÜRLICHER SCHATZ UNSERER ERDE

Mit 27 Abbildungen und 8 Tabellen

AKADEMIE-VERLAG BERLIN

Vorgetragen in der öffentlichen Sitzung am 11. November 1988
Manuskript eingeliefert am 29. Juni 1989
Druckfertig erklärt am 27. März 1990

ISBN 3-05-500824-3
ISSN 0371-327X

Erschienen im Akademie-Verlag Berlin, Leipziger Straße 3–4, Berlin, DDR-1086

Printed in the German Democratic Republic
Gesamtherstellung: VEB Druckhaus „Maxim Gorki", 7400 Altenburg
LSV 1255
Bestellnummer: 764 131 5 (2027/122/3)

INHALT

1. Einleitung

Jeder von uns kommt, teils bewußt, teils unbewußt aber dennoch selbstverständlich täglich mit anorganischen Salzen in Berührung,

- den fluoridierten, aus Calcium- und Magnesiumcarbonaten, verschiedenen Phosphaten und Silicaten bestehenden Zahnpasten,
- dem Salz „in der Suppe“
- dem mit Alaunen gegerbten Leder der Schuhe,
- dem hauptsächlich aus Silicaten und Carbonaten bestehenden Baumaterial der Häuser,
- dem Glas.

Wir erfreuen uns am guten Gedeihen der uns umgebenden Pflanzen. Die Landwirtschaft unseres Landes besitzt einen beachtlichen Stand, Ergebnisse einer — wenn auch noch nicht immer sinnvollen — Anwendung anorganischer Salze als Düngemittel.

Jede Batterie, sei es im Wecker, der Uhr, im Auto, im Taschenrechner usw. basiert auf dem Einsatz von Elektrolyten — von Salzen.

Obwohl diese Aufzählung unvollständig ist, genannt seien nur noch das immer mehr an Bedeutung gewinnende Problem der Blutersatzstoffe auf anorganischer Basis — in der DDR Forschungsgebiet von *Lothar Kolditz* — oder die Entwicklung neuer keramischer Werkstoffe für die plastische Chirurgie, gibt es keinen Bereich unseres Lebens, in dem nicht anorganische Salze eine wichtige, z. T. sogar lebenswichtige Rolle spielen.

Wenn dennoch manchem das Thema dieses Beitrages zunächst etwas übertrieben erscheint, so sei es engagierten Vertretern der anorganischen Chemie geschuldet, die im folgenden den Versuch unternehmen wollen, die Berechtigung der Formulierung zu beweisen.

Was verstehen wir eigentlich unter anorganischen Salzen? Jeder hat ja irgendwann eine Definition gelernt.

Dem „*Deutschen Wörterbuch*“ von Jacob und Wilhelm GRIMM aus dem Jahre 1893 sind folgende Zitate zu entnehmen [1]:

...„*denn saltz ist auch ein metallischer erdsaft,*
den gott in die erde, felzen, laken, meer
und saltzbrunnen geben hat, zur notdurfft
und ertzeney der menschen"
MATHESIUS (1504–1565)

...„*darbey wissend auch dz vielerlei geschlecht*
der saltz sind, als salpeter und dergleichen"
PARACELSUS (1493–1541)

Heute gebrauchen wir am weitesten gefaßt etwa folgende Definition [2, 3]:

„*Salze sind heteropolare chemische Verbindungen, die aus Säureanionen und Metall- oder anderen Kationen, aber nicht ausschließlich Wasserstoffionen bestehen. Sie sind fest, schwer flüchtig, farblos bis tiefgefärbt und zerfallen in geschmolzenem bzw. gelöstem Zustand mehr oder weniger stark in die sie aufbauenden Ionen. Sie leiten den Strom, d. h. sie sind Elektrolyte.*"

Wir unterscheiden:

NEUTRALSALZE:	$NaCl$, Natriumchlorid (Halit, Steinsalz, Kochsalz)
SAURE SALZE:	$NaHCO_3$, Natriumhydrogencarbonat, (Natron)
BASISCHE SALZE:	$Al(OH)SO_4$, Aluminiumhydroxysulfat
SALZHYDRATE:	$MgCl_2 \cdot 6\,H_2O$, Magnesiumchloridhexahydrat $Na_2SO_4 \cdot 10\,H_2O$, Natriumsulfatdekahydrat (Glaubersalz)
DOPPELSALZE:	$KCl \cdot MgCl_2 \cdot 6\,H_2O$, Kaliummagnesiumchloridhexahydrat, (Carnallit) $KAl(SO_4)_2 \cdot 12\,H_2O$, Kaliumaluminiumsulfatdodekahydrat (Alaun)
TRIPELSALZE:	$K_2SO_4 \cdot MgSO_4 \cdot 2\,CaSO_4 \cdot 2\,H_2O$ (Polyhalit)

In der Endkonsequenz gehören Halogenide, Sulfate, Nitrate, Phosphate, Borate, Chromate, Arsenate, Silicate ebenso zu dieser Stoffgruppe wie der größte Teil der Oxide, Carbide usw. und damit letztendlich die meisten Bausteine der festen uns zugänglichen Erdkruste.

Damit wird deutlich, daß die gewählte Definition für unser Anliegen zu weit geht, wie andererseits das allgemein übliche Synonym für Salz = Kochsalz zu eng ist.

Beschränken wir uns deshalb im wesentlichen auf die sogenannten Mineralsalze, die in unserem Land eine eminente Bedeutung besitzen.

2. Zur wirtschaftlichen Bedeutung anorganischer Salze

Auf dem Territorium der DDR (Abb. 1) befinden sich vor allem in den mittleren und südlichen Teilen Salzlagerstätten, die einen effektiven Abbau gestatten. Dabei handelt es sich um

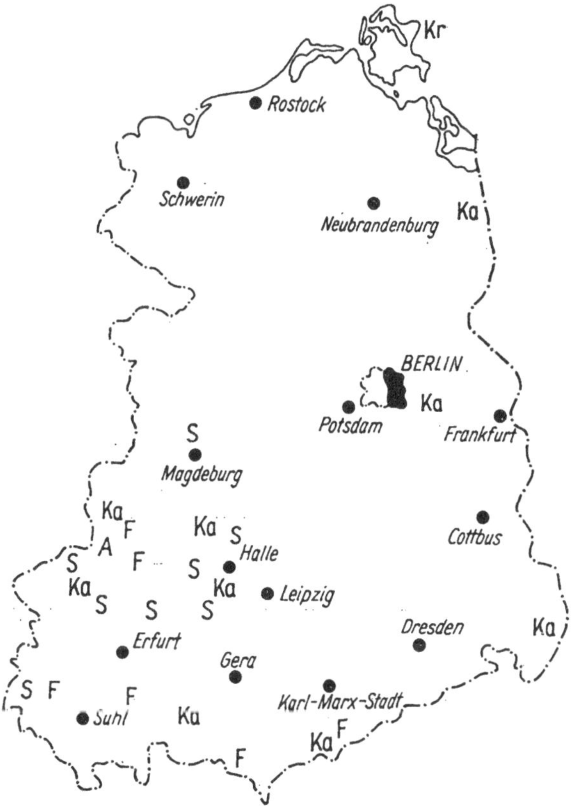

Abb. 1. Rohstofflagerstätten der DDR (nach [4])

S: Kali- und Steinsalz, F: Flußspat, A: Anhydrit, Ka: Kalkstein, Kr: Kreide

- die Kalilagerstätten in den Bezirken Suhl, Erfurt, Magdeburg und Halle sowie die Steinsalzlagerstätten insbesondere im Bernburger Raum,
- die Gips- und Anhydritlagerstätten im Harz bei Rottleberode und im Gebiet um Nordhausen,
- den Fluß- und Schwerspat im Thüringer Raum, im Südharz und im Erzgebirge,

- die Kreide hauptsächlich auf der Insel Rügen
- und die Kalksteinlagerstätten, die bedingt durch ihre Entstehung fast über das gesamte Territorium der DDR verteilt sind [4, 5].

Tabelle 1

Produktion ausgewählter Salze in der DDR (1986)

Produkt	Einheit	Menge
Siedesalz	10^3 t	59,0
Na_2CO_3	10^3 t	885,4
Na_2SO_4	10^3 t	180,5
Kalidüngemittel	10^3 t K_2O	3485,0
Stickstoffdüngemittel	10^3 t N	1252,1
Calciumcarbid	10^3 t	1080,0
Gips, gebrannt	10^3 t	304,5
Branntkalk	10^3 t	3545,0

Tabelle 2

Weltproduktion ausgewählter Salze

Produkt	Einheit	Menge	
		1981	1983
Stickstoffdüngemittel	10^3 t N	61856	64243
Phosphatdüngemittel	10^3 t P_2O_5	8927	11119
Superphosphat und Doppelsuperphosphat	10^3 t P_2O_5	19490	19963
Kalidüngemittel	10^3 t K_2O	27808	26160
Steinsalz	10^3 t	163198	157315
Na_2CO_3	10^3 t	25594	25982
Calciumcarbid	10^3 t	6170	6204

Die wirtschaftliche Stellung der anorganischen Salze geht international wie national aus den Tab. 1 und 2 am Beispiel ausgewählter Produkte hervor. Legen sicher schon diese Zahlen ein beredtes Zeugnis ab, so wird die gesamtwirtschaftliche Bedeutung erst richtig deutlich, wenn man die Komplexität des Einsatzes der Salze als Ausgangs-, Zwischen- und Endprodukte betrachtet. Das sei in den Abb. 2 bis 5 an einigen Stammbäumen dargestellt.

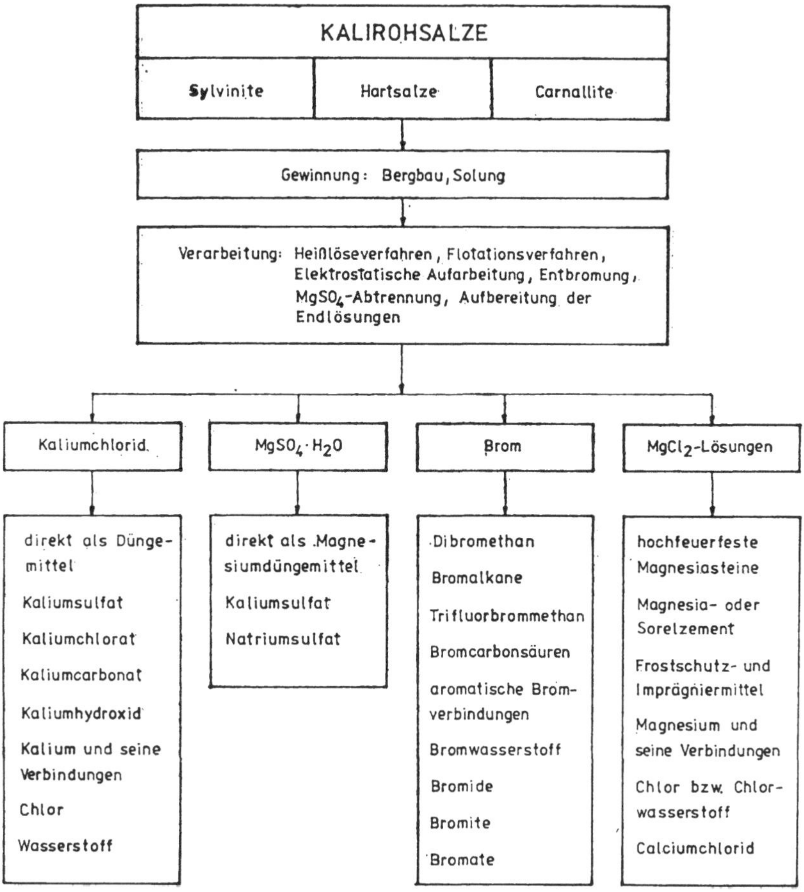

Abb. 2. Schematische Darstellung der Nutzung der Kalirohsalze

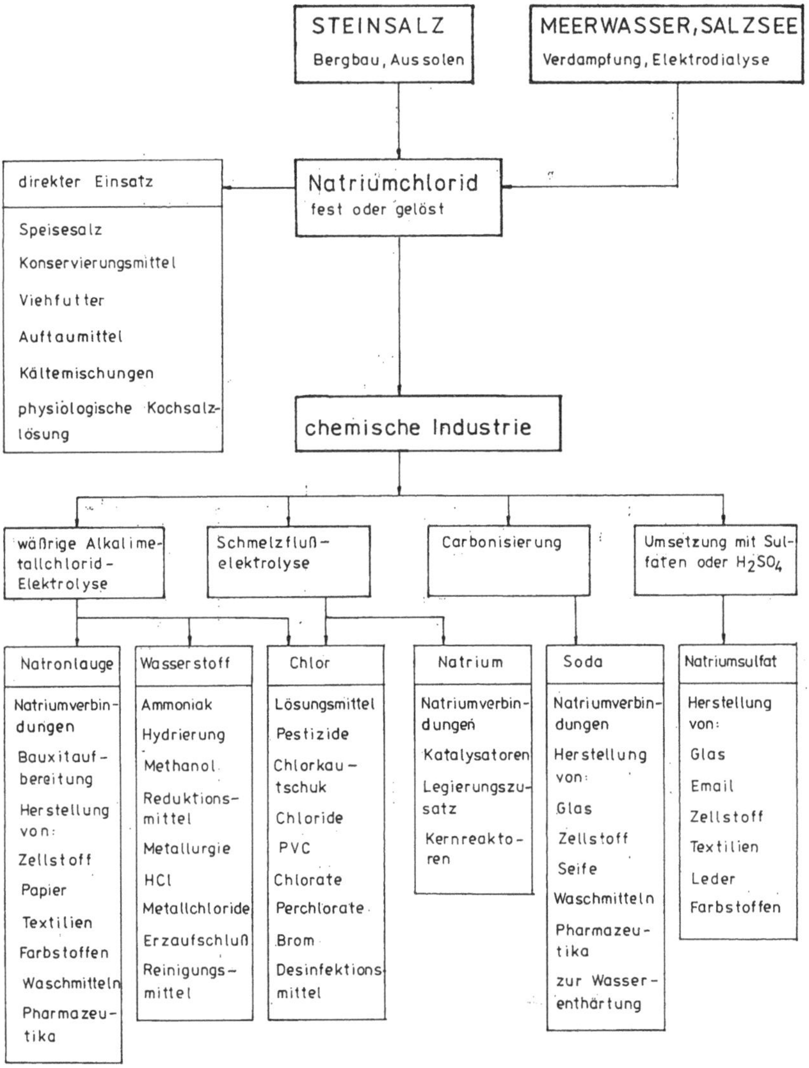

Abb. 3. Schematische Darstellung der Verwendung von Steinsalz

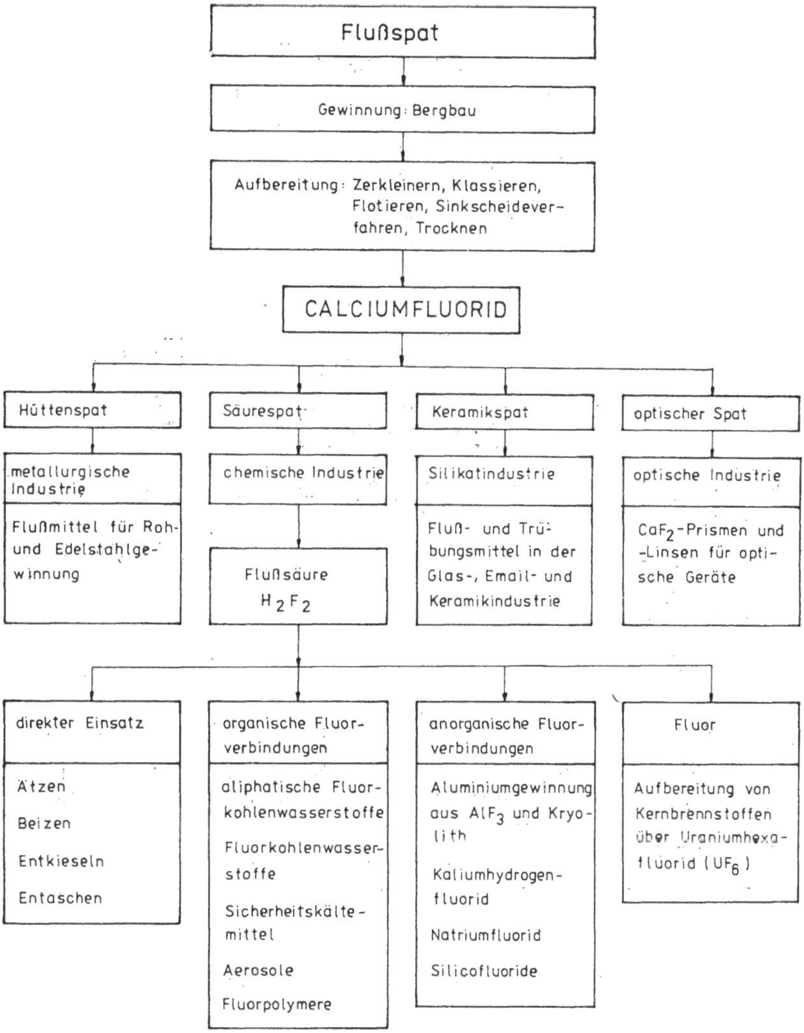

Abb. 4. Schematische Darstellung der Verwendung von Flußspat

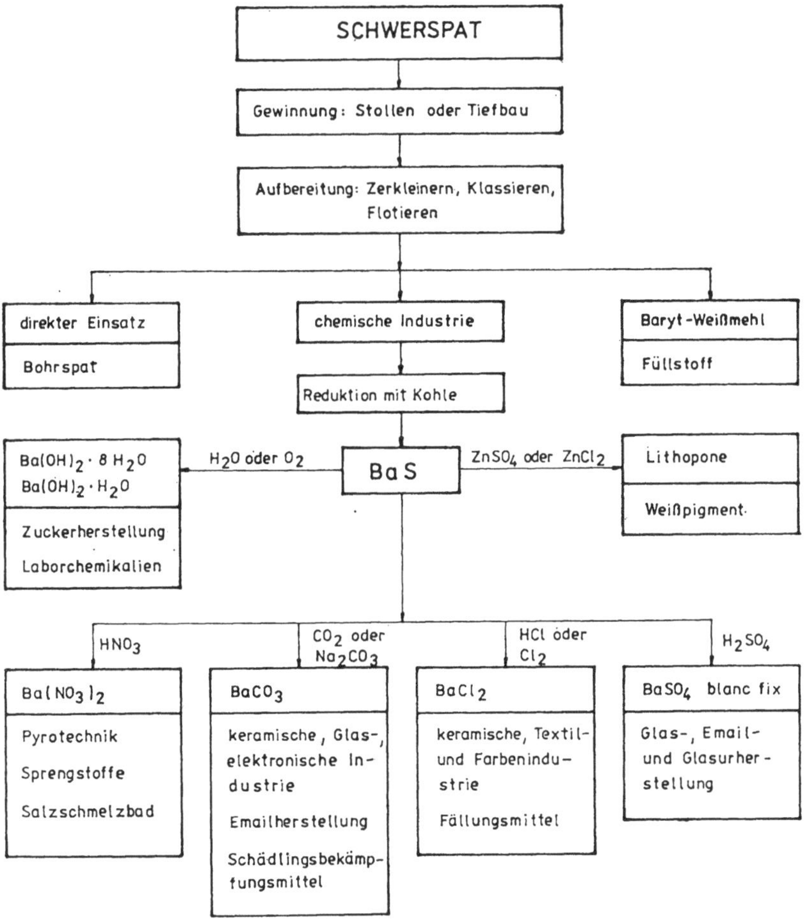

Abb. 5. Schematische Darstellung der Verwendung von Schwerspat

Für die Herstellung von Phosphor und Phosphorverbindungen muß in der DDR wie für Bor und Borverbindungen quantitativ von importierten Rohstoffen wie Apatit, Phosphorit, Kernit, Boracit, um nur einige Salzgesteine zu nennen, ausgegangen werden. Ihre weitreichende Bedeutung kommt in den Abb. 6 und 7 zum Ausdruck.

Am Beispiel des Bors und seiner Verbindungen wird auch insbesondere der Zusammenhang zu den sogenannten Hoch- und Schlüsseltechnologien deutlich. Spezialwerkstoffe für die Elektronik, für extreme Bedingungen, seien es Metallegierungen, Keramiken oder Gläser, bedingen den Einsatz des Bors.

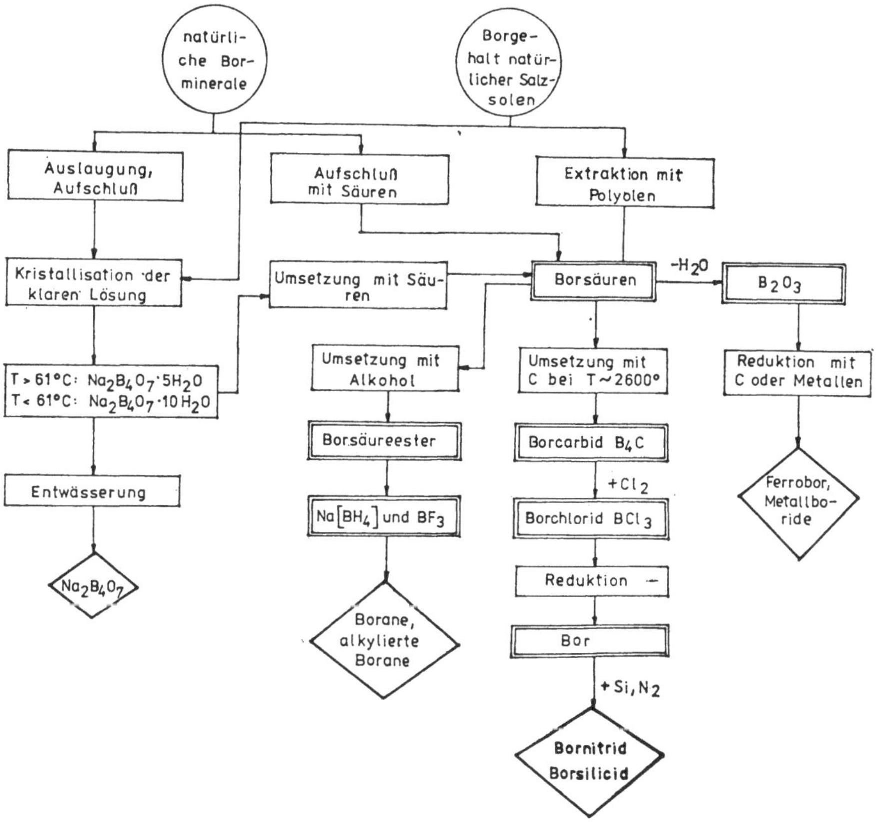

Abb. 6. Schema zur Darstellung wichtiger Borverbindungen

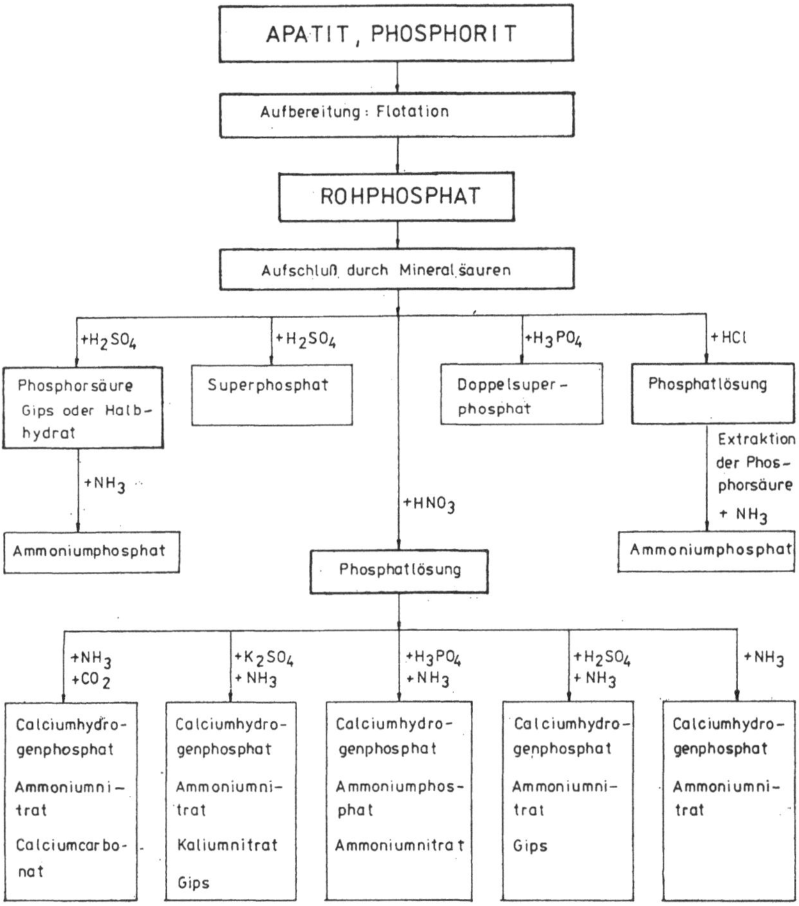

Abb. 7. Schema zur Darstellung wichtiger Phosphorverbindungen

3. Gewinnungsmethoden

3.1. Allgemeine Betrachtungen

Mineralsalze stammen aus dem Meerwasser — in Mitteleuropa aus dem Zechsteinmeer (Tab. 3). Die Größe der Weltmeere wird mit $1370 \cdot 10^6$ km³ angegeben, der durchschnittliche Salzgehalt mit 3,5%, das entspricht rund $4 \cdot 10^{16}$ t.

Tabelle 3

Hauptbestandteile des Meerwassers

Kation	Gehalt in Masse-%	Anion	Gehalt in Masse-%
Mg^{2+}	3,725	Cl^-	55,292
Ca^{2+}	1,197	SO_4^{2-}	7,692
K^+	1,106	HCO_3^- }	0,207
Na^+	30,593	CO_3^{2-} }	
		Br^-	0,188

Über die Menge im Festlandsockel läßt sich keine globale Aussage treffen, dennoch wird die fast unerschöpfliche Gesamtmenge deutlich.

Eingehende Untersuchungen über die Bildungs- und Existenzbedingungen der in den Salzlagerstätten vorliegenden chemischen Verbindungen in Abhängigkeit von Temperatur und Konzentration sind mit den Namen VAN'T HOFF [6—8], D'ANS [9], JÄNECKE [10] und VALJASHKO [11] verbunden. In den letzten Jahren haben wir diese Kenntnisse besonders bei hohen und tiefen Temperaturen systematisch erweitert und vervollständigt [12—18].

Unsere Untersuchungen umfassen einerseits einen Beitrag zur Aufklärung des Entstehens der Lagerstätten mit den entsprechenden Salzparagenesen, andererseits das Schaffen theoretischer Grundlagen für die Aufarbeitung von Rohsalzen.

Da das Ausscheiden der Salze in umgekehrter Reihenfolge ihrer Löslichkeiten erfolgt, reduziert die zuerst auftretende Kristallisation der Calciumcarbonate die Betrachtungen zunächst auf das quinäre System der ozeanischen Salze

$$K^+, Na^+, Mg^{2+}/Cl^-, SO_4^{2-} / H_2O.$$

Für 25 °C ist der $MgCl_2$-reiche Teil des Gleichgewichtsdiagramms bei Sättigung an NaCl in Abb. 8b dargestellt.

Die Ergebnisse der theoretischen Gleichgewichtsuntersuchungen über die

Ausscheidungsfolgen bei der Eindunstung von Lösungen des quinären Systems decken sich nur selten mit dem Aufbau bekannter Lagerstätten, da die primäre Kristallisation in erheblichem Maße von metastabilen Gleichgewichten beeinflußt wird. Modellmäßige Arbeiten im Laboratorium und umfangreiche Untersuchungen an natürlich ablaufenden Eindunstungsvorgängen ergaben

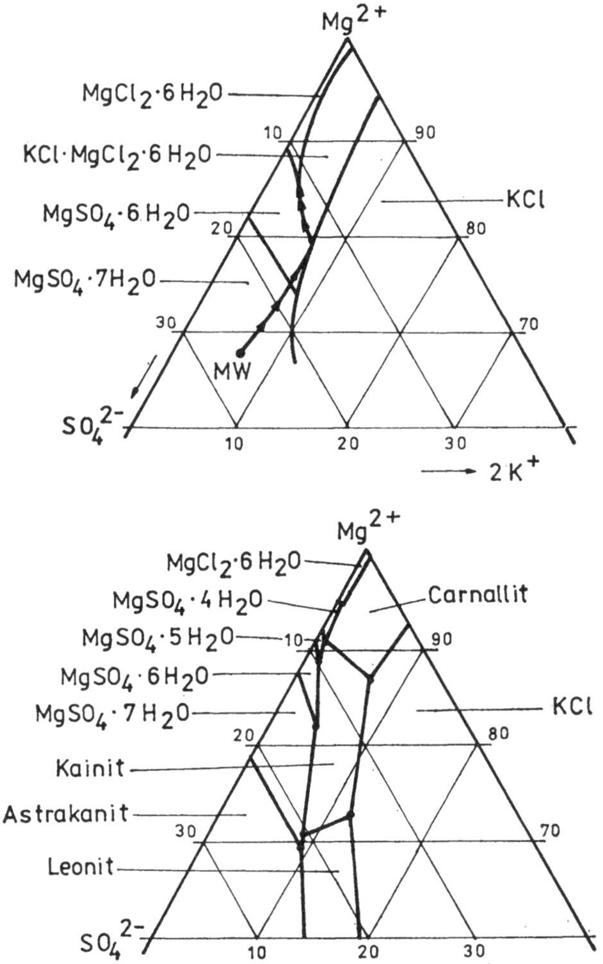

Abb. 8. Stabile und metastabile Gleichgewichte im quinären System Na^+, K^+, Mg^{2+}/Cl^-, SO_4^{2-} // H_2O bei 25°C und NaCl-Sättigung

a) metastabiles Gleichgewichtsdiagramm, b) stabiles Gleichgewichtsdiagramm
MW: darstellender Punkt des Meerwassers

ein metastabiles Gleichgewichtsdiagramm — das sogenannte Sonnendiagramm (Abb. 8a) — das die Entstehung der Lagerstätten weit besser widerspiegelt.

Ein Vergleich beider Löslichkeitsdiagramme zeigt, daß die Felder für Sylvin (KCl), Bittersalz ($MgSO_4 \cdot 7H_2O$) und Hexahydrit ($MgSO_4 \cdot 6H_2O$) im metastabilen Diagramm größer werden, Astrakanit ($Na_2SO_4 \cdot MgSO_4 \cdot 4H_2O$) und einige Hydrate des Magnesiumsulfates nicht auftreten.

Entsprechend ihrer charakteristischen Zusammensetzung lassen sich die Salzlagerstätten in verschiedene Rohsalztypen einteilen, zwischen denen es fließende Übergänge gibt. Tabelle 4 gibt einen Überblick über die Haupt- und Nebenbestandteile dieser Rohsalze.

Tabelle 4

Charakteristische Zusammensetzung verschiedener Rohsalze

Rohsalztyp	Hauptbestandteile	Nebenbestandteile
Steinsalz 98,5% NaCl	Steinsalz	Tone, Anhydrit, Polyhalit
Sylvinit 20···35% KCl	Sylvin, Steinsalz	Kieserit, Carnallit, Polyhalit, Anhydrit, Ton
Hartsalz (kieseritisch) 15···30% KCl	Sylvin, Steinsalz, Kieserit	Anhydrit, Langbeinit, Polyhalit, Glaserit, Ton, Carnallit
Hartsalz (anhydritisch) 15···30% KCl	Sylvin, Steinsalz, Anhydrit	Kieserit, Langbeinit, Polyhalit, Glaserit, Ton, Carnallit
Carnallitit 13···24% KCl	Carnallit, Steinsalz, Kieserit	Anhydrit, Polyhalit, Bischofit, Tachhydrit, Sylvin, Borate, Bromcarnallit, Rubidiumcarnallit

Schon in der „*Historia naturalis*“ des Plinius (1. Jahrhundert) finden wir die drei wesentlichen Gewinnungsverfahren:

— Solare Eindunstung von Meerwasser oder Salzsolen,

— Bergbau,

— Solung.

Die drei Prinzipien sind in den Abb. 9 bis 11 dargestellt. Die besondere Form der Kristallisate, die durch solare Eindunstung oder „Sieden“ entstehen, zeigen die Abb. 12 und 13.

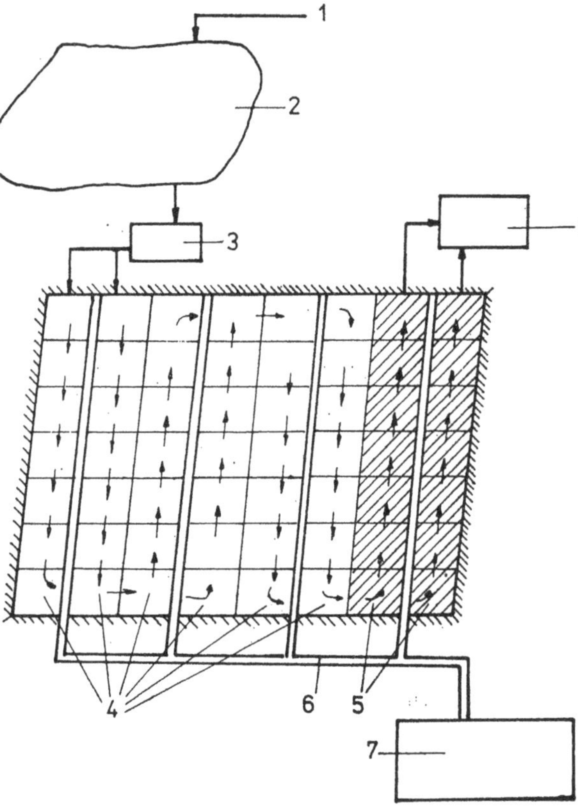

Abb. 9. Schema zur Gewinnung von NaCl und Kalisalzen aus Meerwasser oder natürlichen Solen durch solare Eindunstung (nach [4])

1: Sole- bzw. Meerwasserzufluß, 2: Vorkonzentrierungsteich, 3: Pumpstation, 4: Ernteteiche für NaCl, 5: Ernteteiche für Kalisalze, 6: Erntestraßen, 7: Verarbeitungsanlage für NaCl und Kalisalze, 8: Lösungsspeicher

Abb. 10. Untertägiger Abbau der Kalisalze

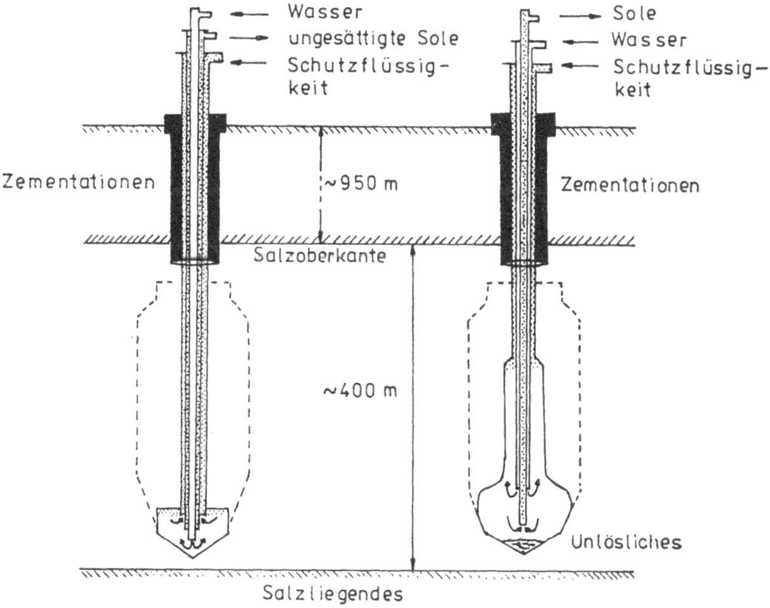

Abb. 11. Prinzipskizze zur Solung

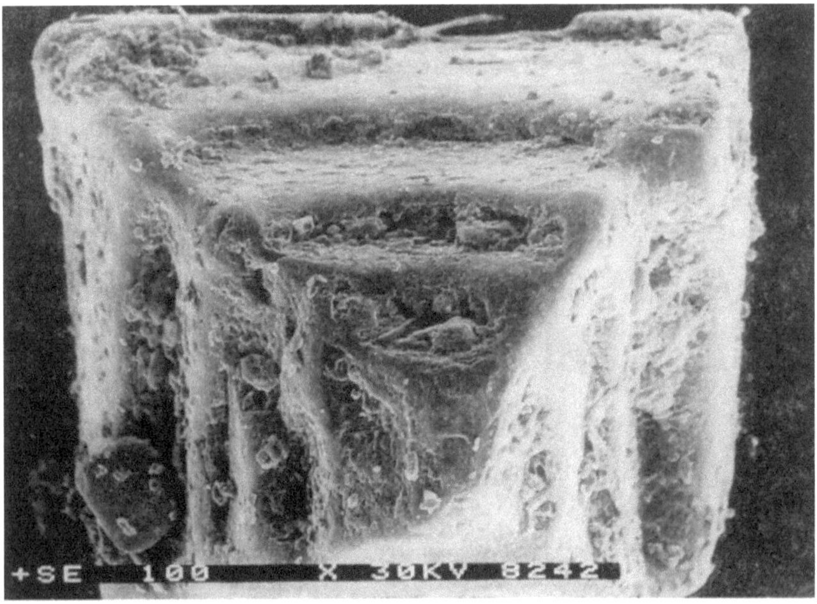

Abb. 12. Mikroskopische Aufnahme eines NaCl-Kristalls, entstanden bei solarer Eindunstung (Kuba)

Abb. 13. Elektronenmikroskopische Aufnahme eines NaCl-Kristalls nach dem „Sieden“

3.2. Vorräte und Lagerstätten

Mineralsalzlagerstätten sind nichtreproduzierbare Produktionsmittel. Eine rationelle Nutzung ist somit von entscheidender Bedeutung. Entstehungsmäßig bedingt, erstrecken sich die erkundeten Lagerstätten — die geologischen Vorräte — über das gesamte Territorium der DDR. Entsprechend der technischen Realisierbarkeit und der ökonomischen Rentabilität einer Nutzung werden die Vorräte in abbauwürdig und nichtabbauwürdig eingeteilt. Das eigentliche Förderprodukt stellt dann die Differenz zwischen abbauwürdigen und den durch Abbauverluste gebundenen Vorräten dar.

Rohstoffgewinnung

geologische Vorräte → nichtabbauwürdige Vorräte
geologische Vorräte → abbauwürdige Vorräte
abbauwürdige Vorräte → technische Vorräte = Förderprodukt
abbauwürdige Vorräte → abbauverlustgebundene Vorräte

Eine prognostische Analyse der Eigenschaften der Lagerstätten in den z. Z. potentiellen Abbaufeldern für Kalisalze in der DDR läßt eine Entwicklung erkennen, die geprägt ist durch [20]

— eine zunehmende und teilweise extreme Teufe,
— die ungünstigen geomechanischen Gesteinskennwerte, die durch zunehmenden $MgCl_2 \cdot 6\,H_2O$-Gehalt hervorgerufen werden,
— die beachtlichen Mächtigkeitsänderungen nach unten oder oben,
— eine intensivere tektonische Beanspruchung,
— eine ungünstigere hydrogeologische Situation,
— einen geringeren K_2O-Gehalt,
— eine kompliziertere mineralogisch-chemische Rohsalzzusammensetzung.

Die technischen Vorräte oder das Förderprodukt werden, entsprechend den Möglichkeiten seiner Verwertung, in Wertstoff und Abprodukt aufgeteilt. Als Abprodukte wollen wir die nicht verwertbaren Bestandteile (z. B. Tone und Sande) verstehen. Das Wertstoffprodukt setzt sich wiederum aus dem eigentlichen Nutzprodukt und den sich durch die Aufbereitung ergebenden Abprodukten zusammen. Darunter versteht man die Aufbereitungsverluste, die sich im Ausbringensgrad widerspiegeln.

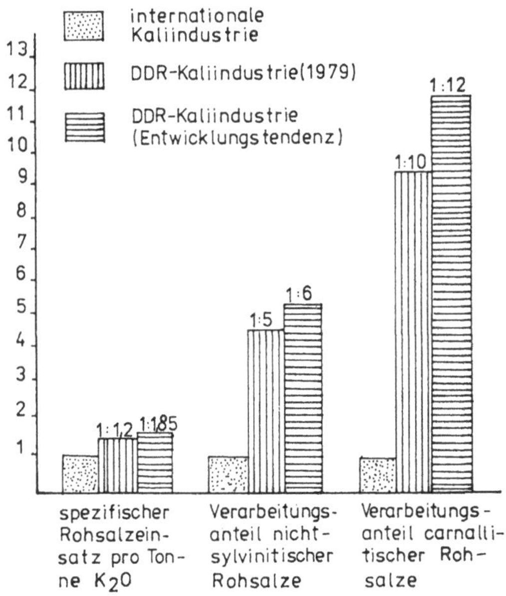

Abb. 14. Vergleich der Qualität der zu verarbeitenden Rohsalze [19]

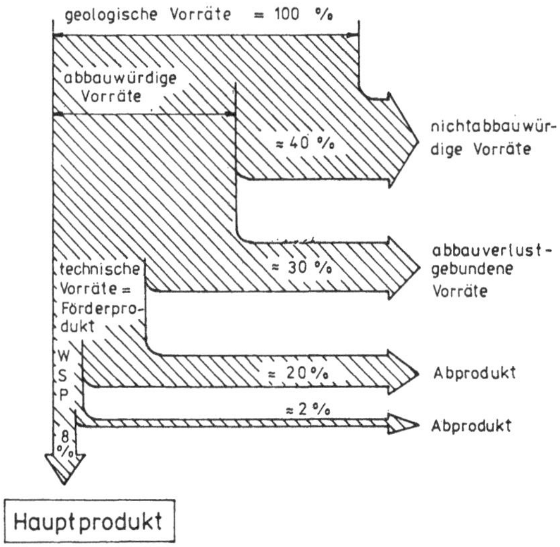

Abb. 15. Mengenflußbild zur Lagerstätten- und Förderproduktverwertung [41]

Rohstoffverwertung

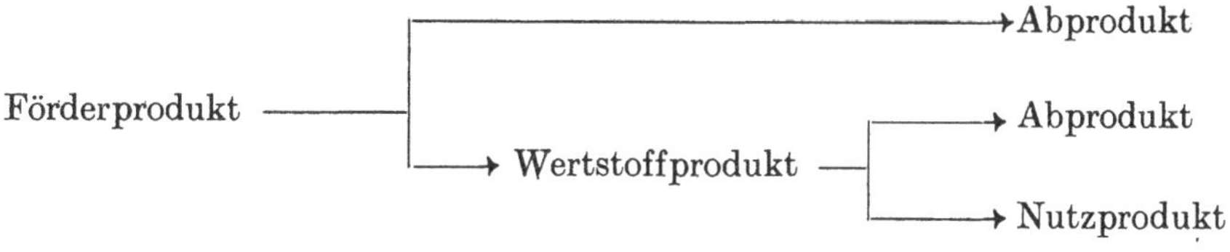

Betrachtet man die Qualität, z. B. der Kalilagerstätten der DDR mit den Lagerstätten im internationalen Bergbau, ist folgende Tendenz erkennbar (Abb. 14):

1. Der spezifische Rohsalzeinsatz, bezogen auf eine Tonne Fertigprodukt, wird auf Grund des sinkenden Wertstoffgehaltes im Förderprodukt in der DDR um 70···85% über dem internationalen Durchschnitt liegen.
2. Der Verarbeitungsanteil nichtsylvinitischer Rohsalze wird um etwa 400 bis 500%, der Anteil carnallitischer Rohsalze um 900···1100% den internationalen Mittelwert überschreiten.
3. Die geologischen Verhältnisse im Kalibergbau der DDR gestalten sich immer ungünstiger.

Stellt man die Relationen in Form eines Mengenflußbildes dar (Abb. 15), so ist festzustellen, daß das Verhältnis zwischen den geologischen Vorräten und dem eigentlichen Hauptprodukt etwa 100:8 beträgt.

3.3. Gewinnung und Förderung

Derzeitig erfolgt der Abbau der Kalisalze in etwa 600···1200 m Tiefe überwiegend im traditionellen Tiefbau (siehe Abb. 16).
Neben der Entwicklung im klassischen Bergbau gewinnen unkonventionelle Methoden wie die Solung komplexere Bedeutung.
Die Solung von Steinsalzlagerstätten, u. a. auch zur Anlage untertägiger Speicherhohlräume, ist seit langem bekannt [22–24].
Zahlreiche Untersuchungen bestätigen, daß die Gewinnung von Salzlösungen aus Lagerstätten anderer mineralogischer Zusammensetzung ebenfalls möglich ist.

Solverfahren besitzen prinzipiell folgende Vorteile:

- Einsparung von Prozeßstufen infolge der Durchdringung von Gewinnungs- und Verarbeitungsverfahren,
- Wegfall spezifischer bergbaulicher Gefährdungsfaktoren (Untertagebetrieb),

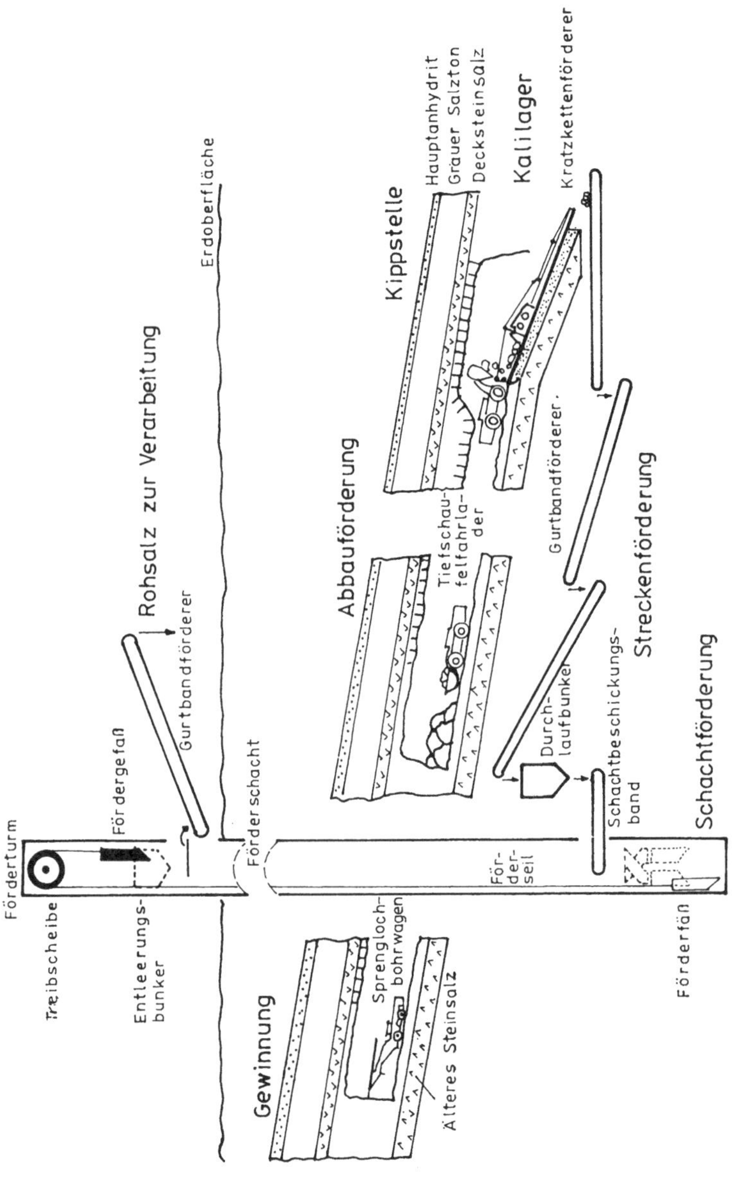

Abb. 16. Schema des untertägigen Abbaus der Kalisalze (nach [21])

— Erhöhung des Automatisierungsgrades durch die Entwicklung eines durchgängigen Fließverfahrens,
— Verringerung des Anfalls von zu beseitigenden Abprodukten durch ein selektives Solen,

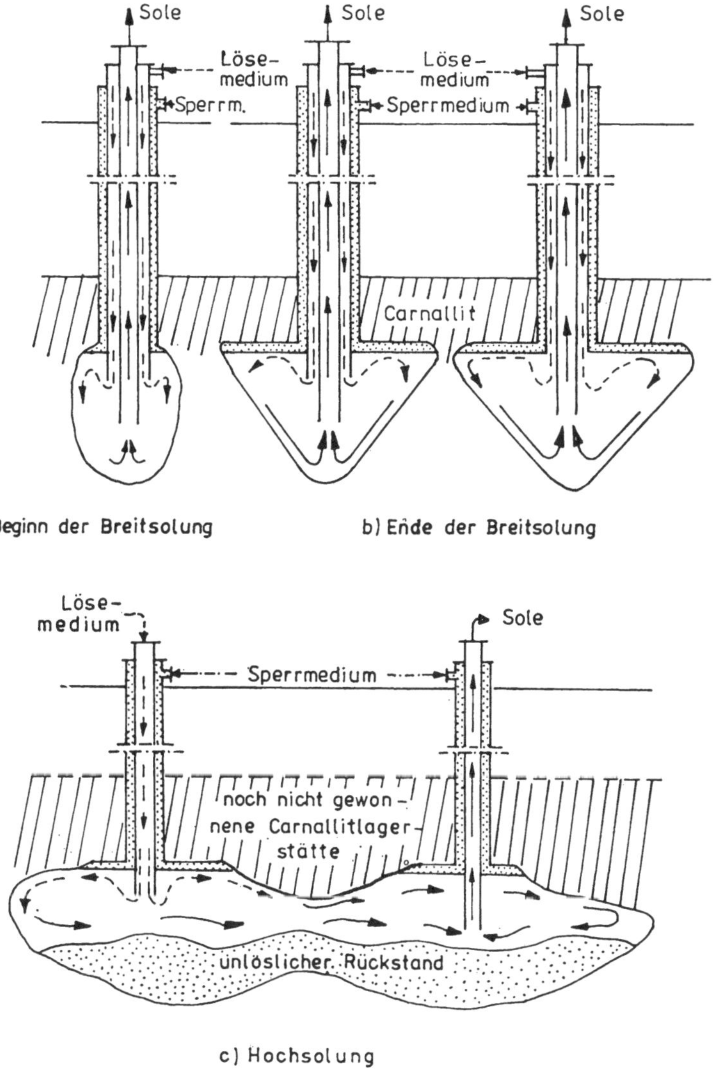

Abb. 17. Schema der Hauptphasen der Solung einer Carnallititlagerstätte

a) Beginn der Breitsolung b) Ende der Breitsolung, c) Hochsolung
——→ Sole, – – – → Lösemedium, – · – · → Sperrmedium

- Verkürzung der Zeit zur Vorrichtung der Lagerstätte für den Abbau,
- Verringerung der Abbauverluste durch effektivere Nutzung der Lagerstättenmächtigkeit,
- Möglichkeit zur Einbeziehung von Lagerstätten in Teufen von mehr als 1000 m.

Berechnungen am Beispiel von Sylvinitlagerstätten ergaben, daß die solende der schachtgebundenen Gewinnung ab Teufen über 500 m überlegen wird. Mit zunehmender Abbauteufe vergrößert sich dieser Vorteil.

Am Beispiel des Doppelkammerverfahrens soll der Solungsprozeß in einer Carnallititlagerstätte erläutert werden.

In Abb. 17 sind die zwei Hauptetappen der soltechnischen Gewinnung — die BREITSOLPHASE und die HOCHSOLPHASE — dargestellt. Nach dem Niederbringen der Bohrungen und deren Dreifachverrohrung für den Transport des Sperrmittels, des Lösungsmittels und der gewonnenen Sole wird mit dem Abbau der Lagerstätte begonnen. In der ersten Etappe — der Breitsolphase — wird ein relativ niedriger, aber breiter Hohlraum durch Aussolung mit Wasser oder verdünnten wäßrigen Lösungen geschaffen. Am Ende dieser Phase werden zwei benachbarte Breitsolräume zu einer Doppelkammer verbunden (Abb. 17b).

In der zweiten Etappe folgt eine stufenweise Auflösung der Lagerstätte oberhalb des Breitsolhohlraumes.

In dieser Phase werden Lösungen eingesetzt, die ein selektives Aussolen der Wertstoffkomponente garantieren. Nicht verwertbare Lagerstättenbestandteile verbleiben als unlöslicher Rückstand im Hohlraum und füllen diesen teilweise auf.

Der Anteil der carnallititischen Rohsalze an den erkundeten Kalisalzvorräten auf dem Territorium der DDR beträgt etwa 80%. Wir sind deshalb gezwungen, als erste in der Welt, Carnallititvorräte zur Kalisalzproduktion umfangreich mit neuen Methoden zu nutzen.

4. Verarbeitung

Die Verarbeitung der im Bergbau gewonnenen Rohsalze erfolgt in der DDR hauptsächlich nach zwei Verfahren,

- dem Heißlöseprozeß oder
- der Schaumschwimmaufbereitung, der Flotation,

die gezielt auf das zu verarbeitende Salzgestein modifiziert werden.

In der BRD findet in zunehmendem Maße zusätzlich die

- Sortierung im elektrischen Feld

Anwendung.

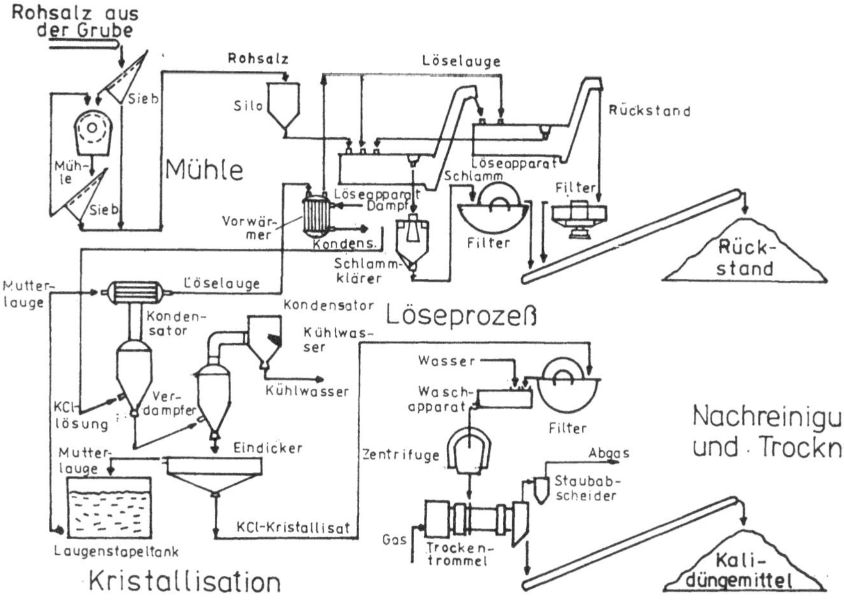

Abb. 18. Fabrikationsschema des Löseprozesses

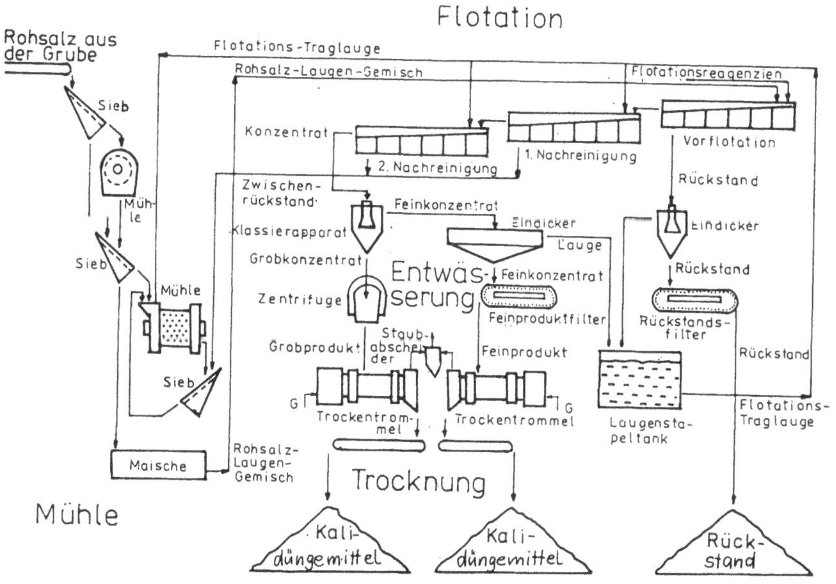

Abb. 19. Fabrikationsschema der Flotation

Das Fabrikationsschema für einen Löseprozeß ist in Abb. 18 dargestellt. Abbildung 19 zeigt das Fließschema für die Flotationstechnologie.

Grundlage dieses Funktionsprinzips ist, daß z. B. Kaliumchlorid, Natriumchlorid oder Kieserit ein unterschiedliches Verhalten gegenüber Flotations-

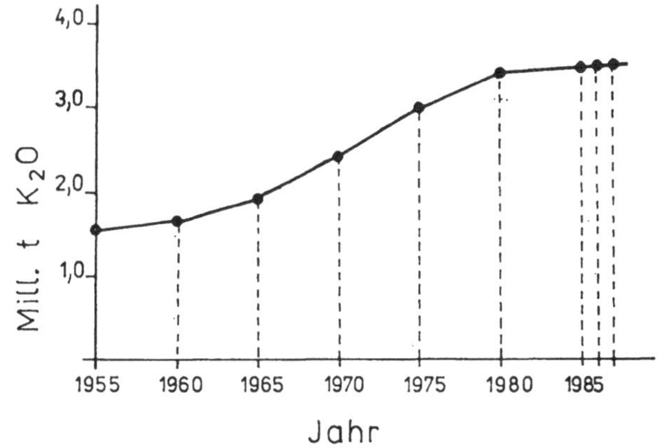

Abb. 20. Produktionsentwicklung an Kalidüngemitteln in der DDR seit 1955

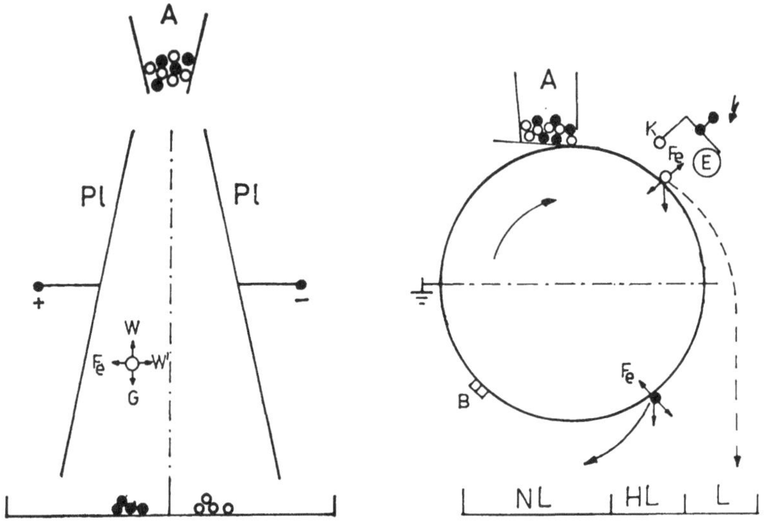

Abb. 21. Technologische Varianten der elektrostatischen Aufarbeitung von Mineralsalzen

a) Kammerscheider

A: Aufgabe, Pl: Plattenelektrode, Fe:Elektrische Kraft, W, W' Widerstandskräfte, G: Schwerkraft

b) Koronarwalzenscheider

K: Koronarelektrode, E: Statische Feldelcktrode, NL: Nichtleiter, HL: Halbleiter, L: Leiter reagenzien zeigen, d. h., daß die Sammleradsorption auf dem Wertstoff, in Einzelfällen auch auf dem Begleitmineral („Reinigungsflotation“) selektiv erfolgt. Ohne auf die von H. SCHUBERT [25] erarbeiteten Grundlagen der Salzflotation näher einzugehen, sei herausgestellt, daß eine Vielzahl physikalischer und chemischer Aspekte mit den technischen Vorgängen komplex darzustellen sind. So spielen neben strukturellen Fragen der Feststoffe und der Elektrolytlösungen energetische Probleme eine gewichtige Rolle.

Abbildung 20 zeigt die Produktionsentwicklung an Kalidüngemitteln in der DDR seit 1955 [32].

Neben diesen Verfahren befindet sich seit Jahren die elektrostatische Aufarbeitung von Mineralsalzen in der Diskussion.

Grundlage des Verfahrens ist der natürliche oder durch Reagenzzugabe hervorgerufene Unterschied in der Oberflächenleitfähigkeit der Mineralbestandteile.

In der BRD gelang es, dieses Prinzip bis zur Verfahrensreife zu entwickeln (SINGEWALD, FRICKE u. a. [26—31]) und in immer größerem Umfang für bestimmte Trennoperationen einzusetzen.

Allgemein stehen zwei technische Varianten zur Verfügung: der Kammerscheider oder der Koronarwalzenscheider (siehe Abb. 21).

Mit den elektrostatischen Trennverfahren sind nach den vorliegenden Ergebnissen folgende Alternativen für die Aufbereitung vor allem von Hartsalzen möglich:

1. Gewinnung eines Sylvin-Carnallit-Konzentrates in einem ersten Schritt, Abtrennung eines Kieserit-Konzentrates in einem zweiten Trennschritt, Steinsalz bildet den Rückstand.

2. Primäre Abtrennung eines Kieserit-Konzentrates, danach Abtrennung eines Sylvin-Carnallit-Konzentrates, Steinsalz bildet den Rückstand.

3. Vorabscheidung des Steinsalz-Ballastes des Rohsalzes; Auftrennung in ein Kieserit- und ein Sylvin-Carnallit-Konzentrat in einem zweiten Trennschritt.

Die elektrostatische Aufbereitung ist bei der Verarbeitung von kompliziert zusammengesetzten Hartsalzen mit deutlichen Vorteilen verbunden:

- Durch die trockene Aufbereitung sind sekundäre Doppelsalzbildungen unmöglich.
- Der Kieserit ist ohne Anfall von NaCl-Abstoßlösungen zugänglich (Schutz der Umwelt).

5. Veredlung

Das Nutzprodukt ist — wie bisher besprochen — zu einem gewissen Teil das unmittelbar verwertbare Förderprodukt. Weiterhin stellt es die veredelten Produkte dar — Koppel- oder Nebenprodukte. Die Veredlung beinhaltet sowohl eine Wertstoffanreicherung im Produkt und eine weiterführende Verarbeitung als auch eine qualitative Verbesserung der chemischen und physikalischen Produktparameter wie Kristallhabitus, Kornspektrum, Rieselfähigkeit, Reinheit.

Rohstoffveredlung

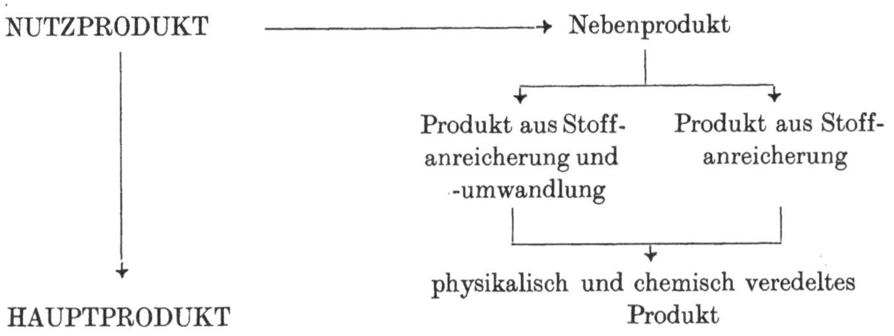

Zu diesem Komplex gehören Probleme, die trotz ihrer ökonomischen Wichtigkeit nur erwähnt werden können:

— Wertstoffausbringen
Derzeit liegt der Ausbringensgrad aller Kalifabriken bei etwa 84%, ein international beachtlicher Stand, dennoch stellt er einen potentiellen Faktor für eine rationelle Lagerstättennutzung dar.

— Nutzung der Begleitkomponenten
Die geförderten Rohsalze bestehen etwa zu 80% aus Begleitkomponenten, vor allem Steinsalz, Anhydrit, Magnesiumchlorid und Kieserit, Brom- und Borverbindungen. Auf einige ausgewählte Verbindungen sei kurz hingewiesen.

Nutzung des Kieserits

Kieserit ($MgSO_4 \cdot H_2O$) fällt bei der Veredlung der Kalirohsalze in festen und flüssigen Abgängen (Rückstand, Schlamm, Endlaugen) an.

Eine Aufarbeitung zu einem Kieseritkonzentrat ist durch flotative Trennung oder auch durch elektrostatische Anreicherung möglich. Eine Weiterverarbeitung erfolgt z. B. zu Kalium- bzw. Natriumsulfat.

Nutzung des Magnesiumchlorids

Die Nutzung des anfallenden Magnesiumchlorids ist mit der Ausweitung der Mischsalz- und Carnallititgewinnung zu einem bestimmenden Faktor sowohl einer komplexen Lagerstättennutzung und damit Stoffwirtschaft als auch hinsichtlich des Umweltschutzes geworden.

Verwendungsmöglichkeiten für $MgCl_2$-haltige Lösungen sind:

- Einsatz als Frostschutzlösung und Kühlsole,
- Einsatz zur Entfernung von Stickoxiden und Schwefeldioxid aus Rauchgasen,
- Gewinnung von $MgCl_2 \cdot 6H_2O$ als Feinchemikalie und dessen Weiterverarbeitung zu wasserfreiem $MgCl_2$,
- Elektrolyse von wasserfreiem $MgCl_2$ zu metallischem Magnesium und Chlor,
- thermische Spaltung von $MgCl_2$-Hydraten zu Magnesiumoxid für den Einsatz in der Feuerfestindustrie sowie als Füllstoff und Chlorwasserstoff (Salzsäure, Calciumchlorid).

Nutzung des Broms

In den Endlaugen der Carnallitit- bzw. Mischsalzverarbeitung reichert sich Brom bis zu 2,5···4,5 kg Br/m^3 an. Vor einer Weiterverarbeitung oder Deponie dieser Lösungen erfolgt deshalb eine Entbromung durch Einleiten von Chlorgas und verschiedene sich anschließende Reinigungsoperationen sowohl des Broms als auch der Lösungen.

6. Ausgewählte Beispiele zum Problem „Abproduktarme und abproduktfreieTechnologien"

Ein grundsätzliches Erfordernis an Wissenschaft und Technik stellt heute die Entwicklung energiesparender Verfahren, die maximal Wertstoffe aus Rohstoffen gewinnen (Abfallminimierung bis vollständige Rohstoffausnutzung), Verfahren für die Rückgewinnung von Grundsubstanzen aus Sekundärrohstoffen und die Schaffung von geschlossenen Stoffkreisläufen dar. Diese Aufgabe resultiert aus dem Sachverhalt, daß die natürlichen Ressourcen weder unbegrenzt verfügbar noch in den meisten Fällen reproduzierbar sind.

Forschung und Entwicklung sind daher besonders in folgender Weise zu beeinflussen:

- Entwicklung abproduktarmer und -freier Verfahren,
- Entwicklung von Verfahren, in denen auch sekundäre Rohstoffe verarbeitet werden,

- Entwicklung von Verarbeitungsmöglichkeiten für anfallende Abprodukte eigener und anderer Produktionslinien,
- Entwicklung rationeller Transport- und Lagermöglichkeiten für anfallende Abprodukte,
- Entwicklung von Verfahren zur schadlosen Vernichtung von Abprodukten, wenn eine nützliche Verwendung nicht möglich ist.

Wichtigstes Kriterium für die Verwertung, die Vermeidung bzw. Verminderung von Abprodukten stellen die Rohstoffe selbst dar, ihre geologische und geographische Verfügbarkeit (Teufen im Tiefbau, Abraum-Flöz-Verhältnis im Tagebau, Wertstoffgehalt der Trägerminerale u. a.).

Wir haben versucht, diese Aspekte schon im bisher Dargelegten deutlich zu machen.

Manfred SCHUBERT [5], unserem viel zu früh verstorbenen Mitglied, gebührt das Verdienst, diese Problematik in der DDR besonders bearbeitet und publik gemacht zu haben.

Abbildung 22 zeigt, daß die der Biosphäre entnommenen Ressourcen nach einer mehr oder weniger langen Zeit den Kreislauf um die Produktionssphäre bzw. zwischen Produktions- und Konsumtionssphäre verlassen und als ungenutzte Abprodukte wieder an die Biosphäre abgegeben werden. Untersuchun-

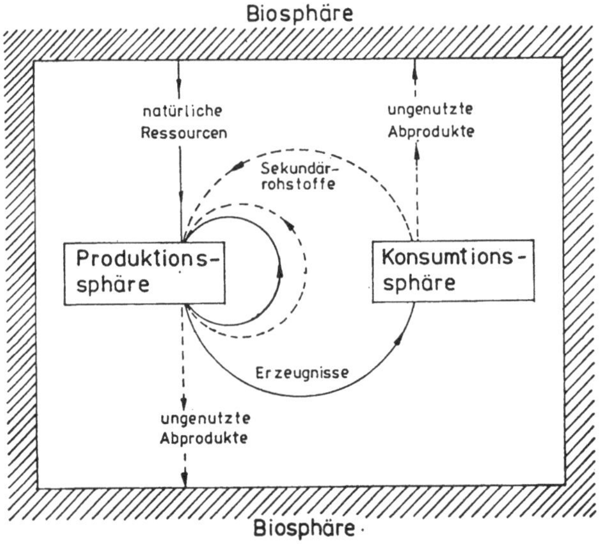

Abb. 22. Stoffkreisläufe zwischen Biosphäre, Produktions- und Konsumtionssphäre

gen [33] ergaben, daß diese zeitliche Verschiebung für die Bilanz zu einem bestimmten Zeitpunkt praktisch vernachlässigt werden kann, so daß als globale Bilanz gilt:

$$\dot{m}_R = \dot{m}_A$$

$\dot{m}_R$: pro Zeiteinheit verbrauchte Menge an natürlichen Ressourcen in kg/s
$\dot{m}_A$: pro Zeiteinheit an die Biosphäre abgegebene Menge an ungenutzten Abprodukten in kg/s

Es besteht also eine Identität zwischen dem Verbrauch an natürlichen Ressourcen und der Umweltbelastung durch die emittierten Abprodukte.

Eine Identität besteht nicht zwischen dem Umfang der stofflichen Nutzung natürlicher Ressourcen und der Menge der hergestellten Erzeugnisse. Durch zunehmende Kreislaufschließung (Nutzung der Abprodukte als Sekundärrohstoffe) kann eine ständig steigende Bedürfnisbefriedigung auch ohne einen entsprechenden Anstieg des Verbrauches an natürlichen Ressourcen und der Umweltbelastung erreicht werden.

Aus dem Bericht der Weltkommission für Umwelt und Entwicklung der Vereinten Nationen [34] seien nur zwei Aussagen, die mit diesem Komplex in engem Zusammenhang stehen, hervorgehoben.

„*Was die nichterneuerbaren Ressourcen wie fossile Brennstoffe und Mineralien betrifft, reduziert ihre Nutzung die für die künftigen Generationen verfügbaren Bestände. Das bedeutet jedoch nicht, daß solche Ressourcen nicht genutzt werden sollten. Im allgemeinen sollte bei der Nutzungsrate in Betracht gezogen werden, wie kritisch der Bestand dieser Ressource ist, ob Technologien verfügbar sind, um die Nutzung zu minimieren und mit welcher Wahrscheinlichkeit Ersatzstoffe zur Verfügung stehen. Boden sollte also nur soweit genutzt werden, wie er sich regenerieren läßt. Für Mineralien und fossile Brennstoffe sollten die Verbrauchsrate und die Bedeutung von Recycling und ökonomischer Nutzung ermittelt werden, um zu gewährleisten, daß die Ressource nicht versiegt, bevor akzeptable Ersatzstoffe verfügbar sind. Eine stabile Entwicklung erfordert, daß die Erschöpfungsrate von nichterneuerbaren Ressourcen so wenig zukünftige Entscheidungsmöglichkeiten ausschließt wie möglich.*"

Die entscheidende Stellung der Energie sei mit dem folgenden Zitat belegt [35]:

„*Energie ist für das tägliche Überleben unabdingbar. Die künftige Entwicklung hängt entscheidend von der langfristigen Verfügbarkeit wachsender Energiemengen aus Quellen ab, die zuverlässig, sicher und ökologisch gesund sind. Gegenwärtig steht weder eine Einzelquelle noch eine Kombination mehrerer Quellen zur Verfügung, die dem künftigen Bedarf genügen könnten.*

Die Sorge um eine sichere Energiezukunft ist nur natürlich, da Energie

„grundlegende Dienste“ für das menschliche Leben leistet: Wärme zum Heizen, Kochen und zur Produktion oder Energie für Transport und Maschinenarbeit. Gegenwärtig stammt die Energie für diese Dienste aus Brennstoffen — Erdöl, Gas, Kohle, Kernbrennstoff, Holz und anderen Primärquellen (Sonnenenergie, Wind oder Wasserkraft), die sämtlich keinen Nutzen bringen, solange sie nicht mittels Maschinen oder anderer Arten von Endverbrauchervorrichtungen wie Öfen, Turbinen oder Motoren in die benötigten Energieformen umgewandelt sind. Weltweit geht in vielen Ländern ein großer Anteil Primärenergie auf Grund unzweckmäßiger Konstruktion oder nichteffektiven Betriebes von Anlagen, die zur Umwandlung der Energie in die benötigten Energieformen verwendet werden, verloren, jedoch ist ein ermutigendes Anwachsen der Bewußtheit für Energieerhaltung und -ausbeute festzustellen.

Die heutigen Primärenergiequellen sind überwiegend nicht erneuerbar: Erdgas, Erdöl, Kohle, Torf und gesteuerte Kernkraft. Es gibt auch erneuerbare Quellen, zu denen Holz, Dung, Pflanzen, Wasserkraft, geothermische Quellen sowie Sonne-, Gezeiten-, Wind- und Wellenenergie gehören, desgleichen die Muskelkraft von Mensch und Tier. Kernreaktoren, die ihren eigenen Brennstoff erzeugen („Brüter“) und schließlich Kernfusionsreaktoren zählen ebenfalls zu dieser Kategorie. Theoretisch können alle diese verschiedenen Energiequellen zur künftigen Weltenergieversorgung beitragen. Jedoch hat jede ihre spezifischen Kosten-, Nutzen- und Risikofaktoren hinsichtlich Ökonomie, Gesundheit und Umwelt, Faktoren, die eng mit anderen staatlichen und globalen Prioritäten verbunden sind. Entscheidungen müssen mit dem genauen Wissen getroffen werden, daß die Wahl einer Energiestrategie unvermeidlich die Wahl einer Umweltstrategie bedeutet.“

Kehren wir zu unseren eigenen Aufgaben zurück, so sollen drei spezielle Beispiele diese fundamentalen Zielstellungen untersetzen.

6.1. Sicherung der Lagerstätten

1861 nahm Adolph Frank in Staßfurt die erste Produktionsstätte für Kalisalze in Betrieb. Nachdem 1865 durch das Preußische Allgemeine Berggesetz die Bergbaufreiheit eingeführt wurde, setzte ein rascher, unkontrollierter Aufbau von Schachtanlagen und Bergwerken ein. Versuche, den Absatz zu kontingentieren, die Preise zu regulieren und eine Erweiterung der Zahl der Werke zu verhindern, schlugen fehl.

Erst mit dem Erlaß des Kaliwirtschaftsgesetzes und der daraus folgenden „Stillegungsverordnung“ erfolgte eine Konzentration auf 7 Schachtanlagen, die modernisiert und ausgebaut wurden. 125 Betriebe wurden eingestellt, 66 dienten als Reserve.

Diese sogenannte „Stillegung" entsprach jedoch nicht den Rechtsnormen der Bergbausicherheit, wie sie heute gelten.

Tagesbrüche, Senkungen und Hebungen, Verschiebungen sowie Einwirkungen auf den Grundwasserspiegel sind deutliche Warnungen für eine Unterschätzung dieser Problematik früher und manchmal auch noch heute.

Welche Ausmaße solche Erscheinungen annehmen können, zeigt die Grube Friedenshall bei Bernburg. In ihrem Bereich wurden etwa seit 1900 systematische Senkungsuntersuchungen durchgeführt und bis 1970 Veränderungen von insgesamt 10 m registriert. Neben diesen Senkungen ereigneten sich einige Erdfälle. Zwei seien beispielhaft genannt:

– Erdfall 1:

Mai 1968	Anfangsdurchmesser 15 m; bis 1970 auf 70 m erweitert; Tiefe bis 65 m Grund: Auslaugung im Salzspiegelbereich und Durchbrechen des Deckgebirges

– Erdfall 2:

November 1969	Anfangsdurchmesser 100 m; bis 1971 auf 130 m erweitert; Tiefe bis 40 m Grund: Auslaugung im Bereich der Grubenbaue und Durchbruch des Hangenden infolge großer Spannweite und Fehlens einer tragenden Steinsalzschicht.

Die Ursachen für diese Auswirkungen liegen im Eindringen von Wasser bzw. ungesättigten Salzlösungen in die nicht ordnungsgemäß stillgelegten Kali- und Steinsalzbergwerke. Lösevorgänge führen langzeitlich zur Bildung gesättigter Lösungen und damit zur Gleichgewichtseinstellung zwischen der eingedrungenen flüssigen und den sie umgebenden festen Phasen.

Durch gezielte Untersuchungen im quinären und hexären System der ozeanischen Salze

$$Na^+, K^+, Mg^{2+}/Cl^-, SO_4^{2-} // H_2O$$

im Temperaturbereich von 0°...45 °C ist sowohl eine Interpretation der aus diesen Grubenbauen stammenden Lösungen als auch eine Rekonstruktion der abgelaufenen Prozesse möglich.

Betrachten wir wieder ein Beispiel: Gegenübergestellt sind die bei einer Beprobung des Grubengebäudes LEOPOLDSHALL I/II erhaltenen Analysenergebnisse und die von VAN'T HOFF und BLASDALE [36] erarbeiteten Gleichgewichtsdaten für die Fünfsalzparagenese $NaCl-KCl-$

$$-KCl \cdot MgCl_2 \cdot 6H_2O - 4KCl \cdot 4MgSO_4 \cdot 11H_2O - CaSO_4 \cdot 2H_2O \quad \text{(Tab. 5)}$$

Unsere insbesondere in den letzten Jahren durchgeführten Untersuchungen ermöglichen heute noch genauere Aussagen auch im Hinblick auf andere Fünfsalzparagenesen.

Die sowohl im Labormaßstab als auch direkt in Salzblöcken durchgeführten Untersuchungen erlauben neben den Aussagen zu Veränderungen an den Gesteinen selbst auch Aussagen über geomechanische Veränderungen der Salzlager.

Ein weiterer Aspekt unserer Arbeiten, die interdisziplinär mit Forschungsgruppen verschiedener Sektionen der Bergakademie Freiberg und der Kaliindustrie durchgeführt werden, ist die Verhinderung von Gefährdungen der Grubenbaue durch Salzlaugenzuflüsse oder „Süßwassereinbrüche", z. B. gebunden an bedingt längere Standzeiten der Gruben, an Erkundungs- oder Sprengarbeiten.

Bei Salzlaugenzuflüssen, die mit wasserleitenden Schichten in Verbindung stehen, sind Abdichtungsarbeiten notwendig. Dabei werden z. Z. Injektionsverfahren, Querschnittsabdichtungen oder Möglichkeiten des Erstarrens der strömenden Medien genutzt.

Tabelle 5

Gegenüberstellung der theoretischen Ergebnisse für die Fünfsalzparagenese $NaCl-KCl-KCl \cdot MgCl_2 \cdot 6H_2O-4KCl \cdot 4MgSO_4 \cdot 11H_2O-CaSO_4 \cdot 2H_2O$ [36] und der Analysen von Lösungen des Grubengebäudes LEOPOLDSHALL I/II [42]

	Konzentration in mol/1000 mol H_2O	
	theoretisch	praktisch
2NaCl	2,5	2,1
2KCl	6,0	6,1
$MgCl_2$	68,0	68,2
$CaSO_4$	0,24	0,40

Schon seit Beginn des Kalibergbaus existiert der Gedanke, die Salzlaugenzuflüsse durch eine provozierte Mineralsynthese (gezielte Kristallisation von Salzen aus der anstehenden Lösung) abzudichten. Die Anwendung einer derartigen Methode ist uns bisher nicht bekanntgeworden.

Prinzipiell sind zwei Grenzfälle zu unterscheiden:

1. Der Abdichtungseffekt wird durch das Ausscheiden eines Bodenkörpers aus der Injektionslösung erreicht (keine Vermischung).
2. Der Abdichtungseffekt wird durch das Aussalzen eines beständigen Salzes erreicht, das beim Mischen einer Injektionslösung mit dem Salzlaugenzufluß entsteht.

Drei technologische Möglichkeiten standen zur Diskussion:

- Die Abdichtung gesättigter oder nahezu gesättigeter NaCl-Lösungen durch eine provozierte NaCl-Kristallisation,
- die Abdichtung hochkonzentrierter $MgCl_2$-Lösungen durch eine provozierte Sorelzementsynthese,
- die Abdichtung von Mischlaugen durch eine provozierte Syngenitsynthese ($K_2SO_4 \cdot CaSO_4 \cdot H_2O$).

Erste Abdichtungen eines Salzlaugenzuflusses in der Schachtanlage Springen konnten 1988 mit Erfolg getestet werden.

6.2. Nutzung eines Abproduktes

Kalkstein, in fast allen Ländern als Rohstoff vorhanden, wird im Tagebau gewonnen und gilt als typischer Massenrohstoff für die stoffwandelnde Industrie. Er fällt außerdem wie seine Folgeprodukte Calciumoxid und Calciumhydroxid zwangsweise bei einigen Verfahren der chemischen Großindustrie an. Tabelle 6 zeigt eine Zusammenstellung wichtiger Anwendungsgebiete für den Kalkstein mit Angaben über den spezifischen Verbrauch.

Tabelle 6

Wichtige Anwendungsgebiete für Kalkstein und seine Folgeprodukte mit Angaben zum spezifischen Verbrauch

Anwendungsgebiet	Spezifischer Verbrauch
Roheisen	200···1 500 kg Kalkstein/t Roheisen
Stahlherstellung	
• THOMAS-Verfahren	140···160 kg Branntkalk/t Rohblock
• SIEMENS-MARTIN-Verfahren	30···70 kg Branntkalk/t Stahl
• Elektrostahlverfahren	40···45 kg Branntkalk/t Stahl
Chemische Industrie	
• Soda	1 100···1 200 kg Kalkstein/t Soda
• Kalkammonsalpeter	1 850 kg Kalkstein/t Stickstoff
• Ätznatron aus Soda	650···750 kg Kalkstein/t $NaOH_{(fest)}$
• Calciumcarbid	940···970 kg Branntkalk/t Normalcarbid
• Kalkstickstoff	3 000 kg Branntkalk/t Stickstoff
• Zucker	20···25 kg Branntkalk/t Rüben
Glasherstellung	100···300 kg Kalkstein/t Einsatzprodukt
Baustoffindustrie	
• Hüttenzement	300···600 kg Kalkstein/t Zement
• Fertigmörtel	0,26···0,32 m^3 Löschkalk/m^3

Obwohl auf dem Territorium der DDR genügend Calciumcarbonat in unterschiedlicher Qualität vorkommt, ist es ein notwendiges Erfordernis, auch solche Vorräte durch den Einsatz von Sekundärrohstoffen zu entlasten.

Bei der Ammoniumsulfatproduktion fallen jährlich große Mengen eines hauptsächlich aus $CaCO_3$ bestehenden Koppelproduktes an, das entweder als Düngemittel verwendet oder deponiert wird. Eine durchschnittliche Analyse dieses Produktes ist in Tab. 7 angegeben.

Tabelle 7

Durchschnittsanalyse von feuchtem Leunakalk (Angaben in Masseprozent)

$CaCO_3$	68,0···72,0
MgO	0,3··· 0,8
SiO_2	0,2··· 0,6
Al_2O_3	0,1··· 0,2
Fe_2O_3	0,01···0,03
$(NH_4)_2SO_4$	1,5··· 3,0
$CaSO_4$	3,0··· 7,0
H_2O	25,0···27,0

Je nach den Produktionsbedingungen treten Schwankungen in der Zusammensetzung und der Körnung auf. Beachtenswert gering ist der Gehalt an Schwermetall-, relativ hoch an Ammoniumverbindungen und Sulfaten. Der Weißgrad ist mit Schlämmkreide vergleichbar.

In der Morphologie — siehe Abb. 23 und 24 — unterscheiden sich „Leunakalk" und „Rügenkreide" erheblich.

In den letzten Jahren konnte von HOFMANN und Mitarbeitern an der Bergakademie Freiberg [37, 38] nachgewiesen werden, daß sich durch eine Naßmahlung in Kugelmühlen aus dem Leunakalk Produkte herstellen lassen, die sich gegenüber dem Ausgangsprodukt vor allem in bezug auf die Feinheit und den Gehalt an Verunreinigungen deutlich unterscheiden.

In Tab. 8 sind die Versuchsergebnisse und die technischen Anforderungen an das Produkt gegenübergestellt.

In der Zwischenzeit konnte dieser Verfahrensweg in einer Großpilotanlage bestätigt werden.

Neben dem Einsatz als Weißtöner oder Füllstoff ist auch die Glasindustrie an diesem Produkt interessiert. Gemeinsam mit den Praxispartnern wurden von der gleichen Arbeitsgruppe produktive Einsatzmöglichkeiten entwickelt und überführt [39]. Dieses so positive Beispiel belegt anschaulich das vorstehend generalisierte Anliegen der Wertstoffgewinnung bzw. -erzeuung mit gesteigerten Qualitätsparametern.

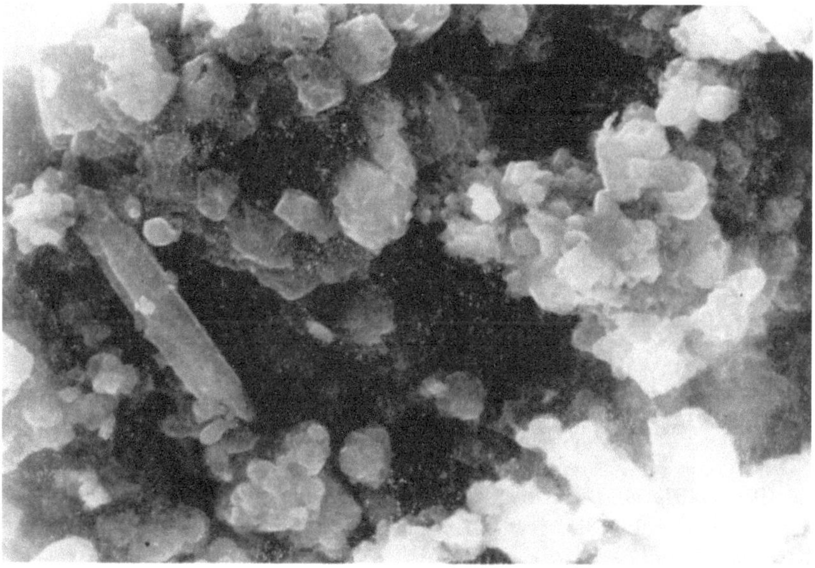

Abb. 23. Rasterelektronenmikroskopische Aufnahme von Leunakalk (3000fach)

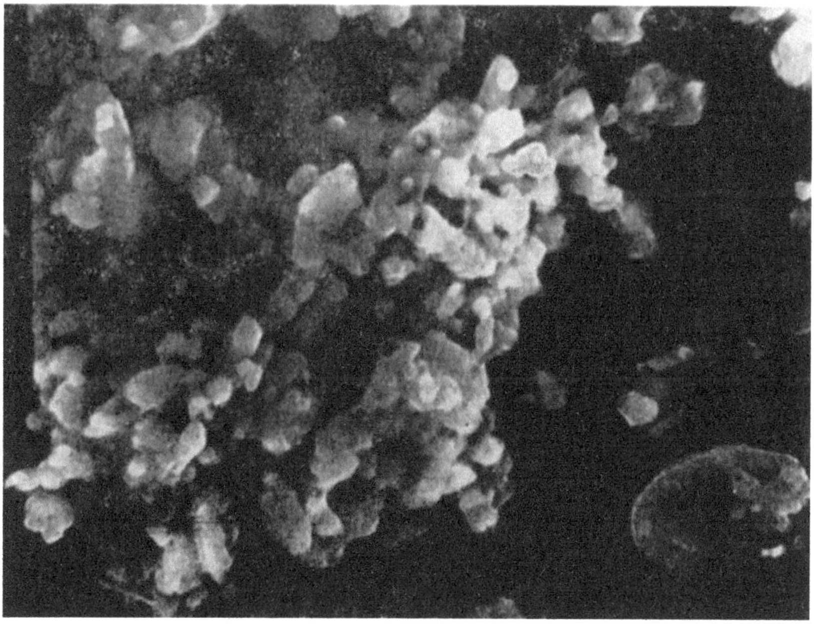

Abb. 24. Rasterelektronenmikroskopische Aufnahme von Rügenkreide

Tabelle 8

Vergleich der Versuchsergebnisse mit den technischen Anforderungen an das Produkt

Parameter	Anforderung als		Versuchsergebnisse
	Füllstoff für Polyolefine	Streichpigment für Papierindustrie	
Korngröße	97% < 5 μm	97% < 11 μm	90···100% < 5 μm
Viskositätskonzentration (VK)	—	≧ 75%	Alle VK > 75%
Weißgrad	> 90%	> 89%	> 89%

6.3. Nutzung von unkonventionellen Energien

Stoffkreisläufe sind stets mit Energieströmen gekoppelt. Werden Anfallenergien nicht sekundär genutzt, stellen sie ebenfalls ein „unerwünschtes" Abprodukt dar.

Die Situation auf dem Sektor der Primärenergieerzeugung auf der Basis von Erdöl, Kohle und Kernenergie zwingt weltweit zu Überlegungen bezüglich einer verstärkten Nutzung von Sekundärenergie wie Industrieabwärme, Geothermalenergie, Sonnenenergie. Charakteristisch für derartige Wärmequellenpotentiale ist, daß häufig ein Zeitunterschied zu überbrücken ist bzw. daß Leistungsdifferenzen zwischen Angebot und Bedarf bestehen.

Zur effektiven Nutzung der sekundären Wärmepotentiale sind international neuartige Wärmespeicherverfahren gefragt. Zielstellung dabei ist es, hohe Energiedichten in schmalen Temperaturbereichen — z. B. von 10 K — zu ermöglichen.

Der Vorteil dieser Speicher besteht insbesondere darin, daß das Temperaturniveau der Anfallwärme in der Nähe des Niveaus der Nutzwärme liegt.

Unter den verschiedenen Konzeptionen für derartige neuartige Wärmespeichermethoden unterscheiden wir die Nutzung latenter Wärmeübergänge bei Schmelz- oder Gitterumwandlungsvorgängen ausgewählter Verbindungen oder die Reaktionsenthalpie reversibel ablaufender Reaktionen.

In den letzten Jahren haben wir gemeinsam mit der Bauakademie der DDR Latentwärmespeicher nach dem GLS-Prinzip entwickelt (Abb. 25), die es ermöglichen, hohe Energiedichten in schmalen Temperaturbereichen zu erzielen [40].

Einige anorganische Salze bzw. Salzhydrate, ihre Schmelztemperaturen — Arbeitstemperatur des Wärmespeichers — und die erreichbaren Speicherdichten sind in Abb. 26 dargestellt.

Die Stabilität einer NaAc·3 H_2O-Stoffkombination (Natriumacetattrihydrat) in Abhängigkeit von der Zyklenzahl zeigt Abb. 27. Die ausgewiesene Kapazität von 248 kJ/kg im Temperaturbereich von 50···60 °C entspricht dem 7···8fachen der Kapazität des Wassers.

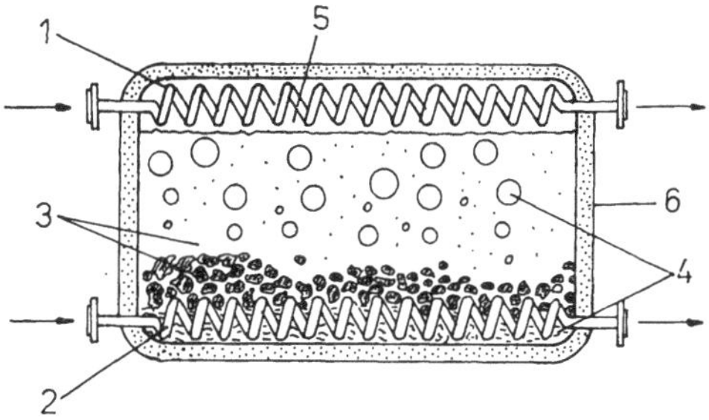

Abb. 25. Prinzipieller Aufbau eines GLS-Latentwärmespeichers

1: Wärmeaustauscher für den Wärmeaustrag, 2: Wärmeaustauscher für den Wärmeeintrag, 3: Wärmespeichermaterial (Schmelze und Kristallisat), 4: Wärmetransportflüssigkeit und Dampf, 5: Dampfraum, 6: Isolierung

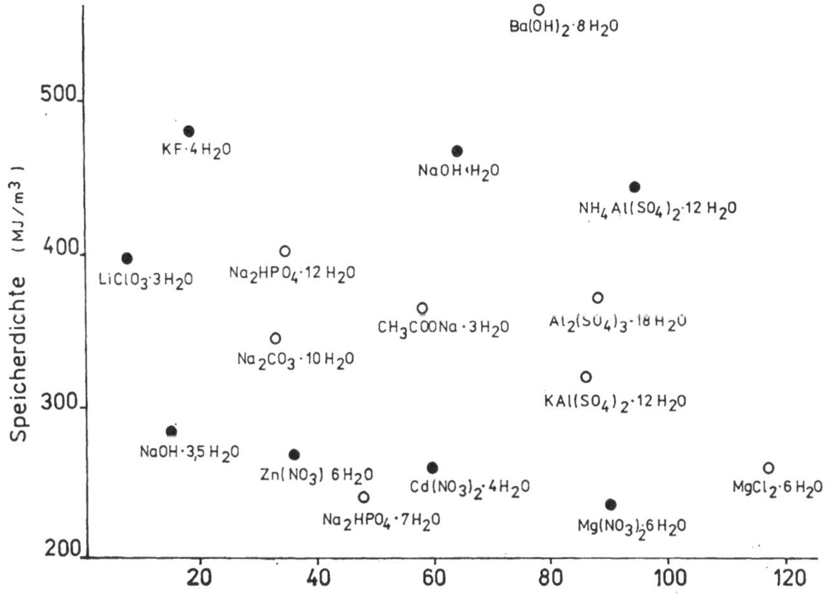

Abb. 26. Salzhydrate zur Latentwärmespeicherung

● kongruent schmelzend ○ inkongruent schmelzend

In der technischen Überführung befinden sich die 30°- und- 60 °C Varianten des GLS-Latentwärmespeichers.

Die 1 m³-Wärmespeicher besitzen eine Kapazität von etwa 60 kW/h. Die Wärmeübertragungsleistung kann in Abhängigkeit vom Anwendungsfall bis zu 20 kW betragen.

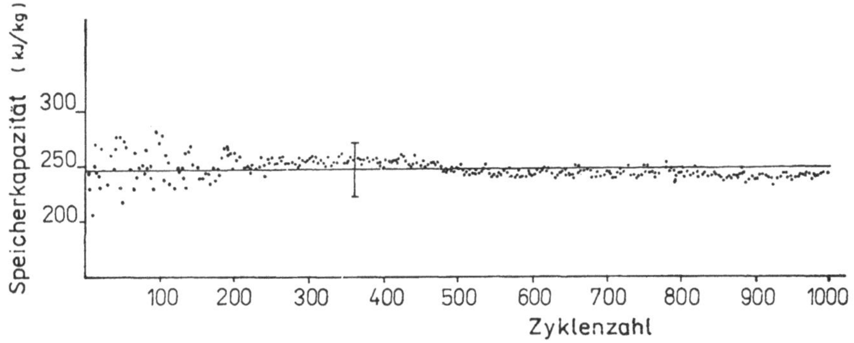

Abb. 27. Speicherkapazität eines NaAc·3H_2O-Speichers in Abhängigkeit von der Zyklenzahl

Der gegenwärtige Stand ermöglicht bevorzugt die Nutzung von Anfallenergien kleinerer Objekte — Kesselanlagen, Öfen, Kälteanlagen — bei denen ein Zeitunterschied zwischen Energieanfall und -bedarf überbrückt bzw. Leistungsdifferenzen ausgeglichen werden sollen. Die Wirtschaftlichkeit der Anlagen ist stark von den länderspezifischen Gegebenheiten, insbesondere den Energiepreisen abhängig.

Generell stellt die Latentwärmespeichertechnik einen nützlichen Beitrag zur umweltfreundlichen Energienutzung dar.

7. Schlußbemerkungen

Lassen Sie uns auf den Ausgangspunkt — „*Anorganische Salze, natürlicher Schatz unserer Erde*" — zurückkommen.

Vor fast zweitausend Jahren schrieb PLINIUS:

„*Totis corporibus nihil esse utilius sale et sole.*"

Vor einigen Jahrhunderten übersetzte ein Unbekannter diesen Satz frei, aber anschaulich:

> „*Es kann der Sonnenhitz wie auch dem*
> *Salz der Erden*
> *an Tugend und Kraft ganz nichts*
> *verglichen werden.*"

Ich möchte dem nicht widersprechen.

Mein Dank gilt auch an dieser Stelle all meinen Mitarbeitern, die mit mir auf diesem sicher nicht so spektakulären, aber interessanten Forschungsgebiet zusammenarbeiten.

8. Literaturverzeichnis

[1] „*Deutsches Wörterbuch*“ von Jacob und Wilhelm Grimm, Verlag v. S. Hirzel, Leipzig 1893 (Stichwort Salz)

[2] „Brockhaus ABC Chemie“, VEB F. A. Brockhaus Verlag, Leipzig, 5. überarbeitete Auflage, Leipzig 1987

[3] „*Meyers Neues Lexikon*“ in 8 Bänden, VEB Bibliographisches Institut Leipzig, Leipzig 1964, Bd. 7

[4] H.-H. Emons, G. Bräutigam, P. Hellmold, H. Holldorf, R. Kümmel, H. Martens: „Technische Anorganische Chemie“, VEB Deutscher Verlag für Grundstoffindustrie, Leipzig 1978

[5] M. Schubert u. a.: „Abproduktarme und abproduktfreie Technologie“, VEB Deutscher Verlag für Grundstoffindustrie, Leipzig 1987

[6] J. H. van't Hoff: „*Zur Bildung der ozeanischen Salzablagerungen*“ (Bd. I u. II), Verlag Vieweg und Sohn, Braunschweig, 1905, 1909

[7] H. Precht, E. Cohen, H. J. van't Hoff: „*Untersuchungen über die Bildungsverhältnisse der ozeanischen Salzablagerungen, insbesondere des Staßfurter Salzlagers*“, Akademische Verlagsgesellschaft m.b.H., Leipzig 1912

[8] J. H. van't Hoff u. a.: Sitzungsberichte der Kgl. Preußischen Akademie der Wissenschaften in den Jahren 1896···1908 (52 Abhandlungen)

[9] J. D'Ans: „*Die Lösungsgleichgewichte der Systeme der Salze ozeanischen Ursprungs*“, Verlagsgesellschaft für Ackerbau, Berlin 1933

[10] E. Jänecke: „*Die Entstehung der deutschen Kalisalzlager*“, Verlag Vieweg und Sohn, Braunschweig 1923

[11] M. G. Valjasko: „*Geochemische Gesetzmäßigkeiten der Entstehung der Kalisalzlagerstätten*“, Verlag der Moskauer Universität, Moskau 1962

[12] R. Beck, H.-H. Emons, H. Holldorf: Untersuchungen ausgewählter Isothermen des quinären Systems Na^+, K^+, Mg^{2+}/Cl^-, SO_4^{2-} // H_2O im Bereich der Natriumchlorid-Carnallit-Sättigung, Freiberger FH, Reihe A, **A 628** (1981), 7

[13] R. Beck, H.-H. Emons, H. Holldorf: Die Polytherme des quinären Systems Na^+, K^+, Mg^{2+}/Cl^-, SO_4^{2-} // H_2O im Bereich der Natriumchlorid Carnallit Sättigung, Freiberger FH, Reihe A, **A 628** (1981), 19

[14] H.-H. Emons, R. Förtsch, H. Holldorf: Ein Beitrag zum quinären System Na^+, K^+, Mg^{2+}/Cl^-, SO_4^{2-} // H_2O, Z. anorg. allg. Chem. **413** (1975), 27

[15] H.-H. Emons, R. Förtsch, H. Holldorf: Die Polytherme des quinären Systems Na^+, K^+, Mg^{2+}/Cl^-, SO_4^{2-} // H_2O im Bereich von $-10°$ bis $25°C$, Z. anorg. allg. Chem. **143** (1975), 85

[16] R. Förtsch: Untersuchungen des quinären Systems Na^+, K^+, Mg^{2+}/Cl^-, SO_4^{2-} // H_2O von $-10°$ bis $+10°C$, Dissertation A, TH „Carl Schorlemmer“ Leuna — Merseburg, Merseburg 1973

[17] R. Beck: Ein Beitrag zum quinären System Na^+, K^+, Mg^{2+}/Cl^-, SO_4^{2-} // H_2O im Bereich der Sättigung an Natriumchlorid und Carnallit, Dissertation A, TH „Carl Schorlemmer" Leuna — Merseburg, Merseburg 1978

[18] N. Menzel: Beitrag zur Kenntnis des quinären Systems der ozeanischen Salze Na^+, K^+, Mg^{2+}/Cl^-, SO_4^{2-} // H_2O, Dissertation A, Bergakademie Freiberg, Freiberg 1984

[19] G. Duchrow: Interner Bericht, VEB Kombinat Kali, Sondershausen 1979

[20] H. Bachmann, D. Slaby: Neue Bergbautechnik **10** (1980), 569

[21] VEB Kombinat Kali: Prospektmaterial

[22] P. M. Dudko: *Untertägige Aussolung von Salzen*", Verlag Nedra, Moskau 1972

[23] I. M. Eselew, E. P. Karatygin, R. S. Permjakow: Bergbau-Journal, Moskau **3** (1973), 33

[24] I. Fitz: Dissertation B, Humboldt-Universität Berlin, Berlin 1981

[25] H. Schubert: „*Aufbereitung fester mineralischer Rohstoffe*", Bd. II, VEB Deutscher Verlag für Grundstoffindustrie, Leipzig 1986

[26] A. Singewald: Erzmetall **33** (1980) 1, 19

[27] A. Singewald: Kali u. Steinsalz **8** (1980) 1, 2

[28] O. Walterspiel: Kali u. Steinsalz **8** (1983) 12, 393

[29] R. Bock: Chemie-Ing.-Techn. **53** (1981) 12, 916

[30] G. Fricke: Kali u. Steinsalz **7** (1979) 12, 492

[31] A. Singewald: Kali und Steinsalz **8** (1982) 252

[32] ..., „*Statistisches Jahrbuch der DDR*", Staatsverlag der DDR, Berlin, 1955, 1960, 1965, 1970, 1975, 1980, 1985, 1986, 1987

[33] Autorenkollektiv: Analyse geoökologischer Stoffflüsse — ein Weg zur Erhöhung der Ressourcenausnutzung und Verringerung der Umweltbelastung (Vortrag), Leipzig 1984

[34] ..., Weltkommission für Umwelt und Entwicklung: „*Unsere gemeinsame Zukunft*", Staatsverlag der DDR, 1. Auflage, Berlin 1988, S. 59

[35] ebenda S. 173

[36] A. D. Pel's: „*Spravocnik po rastvorimosti solevych sistem*" (Handbuch), Verlag Chimija, Bd. II, Leningrad 1975

[37] H. Hofmann, St. Wagner, B. Kubier: Freiberger FH, Reihe A, **A 778** (1988), 102

[38] H. Hofmann, St. Wagner, S. Kollosche: Freiberger FH, Reihe A, **A 797** (1989), 25

[39] H. Hofmann, W. Witte, J. Schlicke, H.-J. Wassermann: Silicattechn. **32** (1981) 9, 269

[40] H.-H. Emons, R. Naumann, P. Füllkraff, C. Eidermann, A. Günther: Z. Chem. 29 (1989) 10, 353

[41] G. Duchrow: Vortrag anläßlich der Qualitätskonferenz des KDT-Aktivs im VEB Kombinat Kali, 19. 11. 1981

[42] G. Pinske: Dissertation A, Bergakademie Freiberg, Freiberg 1980

Bei Fragen zur Produktsicherheit wenden Sie sich bitte an:
If you have any questions regarding product safety,
please contact:

Walter de Gruyter GmbH
Genthiner Straße 13
10785 Berlin
productsafety@degruyterbrill.com